Die Entwicklung der EV-Batterien: Die Welt ist in höchster Alarmbereitschaft

Michal Kante

Alle Rechte vorbehalten. Kein Teil dieser Veröffentlichung darf ohne vorherige schriftliche Genehmigung des Herausgebers in irgendeiner Form oder mit irgendwelchen Mitteln, einschließlich Fotokopieren, Aufzeichnen oder anderen elektronischen oder mechanischen Methoden, reproduziert, verbreitet oder übertragen werden, außer im Falle kurzer Zitate in kritischen Rezensionen und bestimmter anderer nichtkommerzieller Verwendungen, die durch das Urheberrecht gestattet sind.

Copyright ©Michael Kante, 2024.

KAPITEL 1; Was sind EV-Batterien?

KAPITEL 2; Wie werden EV-Batterien hergestellt?

KAPITEL 3; Arten von EV-Batterien und wie funktionieren sie?

KAPITEL 4; Die Zukunft der EV-Batterie und ihre weltweiten Auswirkungen.

KAPITEL 5; Fazit

KAPITEL 1; Was sind EV-Batterien?

Eine Elektrofahrzeugbatterie (EVB, manchmal auch als Traktionsbatterie bezeichnet) ist eine wiederaufladbare Batterie, die zum Antrieb der Elektromotoren eines batteriebetriebenen Elektrofahrzeugs (BEV) oder Hybridelektrofahrzeugs (HEV) verwendet wird. Normalerweise werden Lithium-Ionen-Batterien speziell für eine hohe elektrische Ladekapazität (oder Energiekapazität) entwickelt.

Nissan Leaf-Schnittansicht, die einen Teil der Batterie im Jahr 2009 zeigt

Elektrofahrzeugbatterien unterscheiden sich von Starter-, Licht- und Zündbatterien (SLI), da sie für eine längere Zeit Strom liefern sollen und zyklenfeste Batterien sind. Batterien für Elektroautos zeichnen sich durch ihr relativ hohes Leistungsgewicht, ihre spezifische Energie und Energiedichte aus; kleinere, leichtere Batterien werden bevorzugt, da sie das Gewicht des Fahrzeugs verringern und somit seine Leistung steigern. Im Vergleich zu flüssigen Brennstoffen haben die meisten modernen Batterietechnologien eine wesentlich geringere spezifische Energie, was normalerweise die maximale rein elektrische Reichweite der Fahrzeuge begrenzt.

Der am weitesten verbreitete Batterietyp in aktuellen Elektroautos ist Lithium-Ionen und Lithium-Polymer aufgrund ihrer hohen Energiedichte im Verhältnis zu ihrem Gewicht. Andere Arten von wiederaufladbaren Batterien, die in Elektroautos verwendet werden, sind Blei-Säure-Batterien („geflutete", zyklenfeste und ventilgesteuerte Blei-Säure-Batterien), Nickel-Cadmium-Batterien, Nickel-Metallhydrid-Batterien und, seltener, Zink-Luft-Batterien sowie Natrium-Nickelchlorid-Batterien („Zebra-Batterien"). Die in Batterien gespeicherte Elektrizitätsmenge (d. h. elektrische Ladung) wird in Amperestunden oder Coulomb gemessen, während die Gesamtenergie üblicherweise in Kilowattstunden (kWh) gemessen wird.

Seit Ende der 1990er Jahre wurden Entwicklungen in der Lithium-Ionen-Batterietechnologie durch die Nachfrage nach tragbaren Geräten, Laptops, Mobiltelefonen und Elektrowerkzeugen vorangetrieben. Der BEV- und HEV-Markt hat von diesen Entwicklungen sowohl hinsichtlich der Leistung als auch der Energiedichte profitiert. Im Gegensatz zu älteren Batteriechemien, insbesondere Nickel-Cadmium, können Lithium-Ionen-Batterien täglich und bei jedem Ladezustand entladen und wieder aufgeladen werden.

Der Batteriesatz macht einen erheblichen Kostenfaktor bei einem BEV oder HEV aus. Seit Dezember 2019 sind die Kosten für Batterien für Elektroautos pro Kilowattstunde seit 2010 um 87 % gesunken. Seit 2018 sind Autos mit einer rein elektrischen Reichweite von über 400 km, wie das Tesla Model S, auf dem Markt und nun in mehreren Fahrzeugsektoren erhältlich.

In Bezug auf die Betriebskosten beträgt der Strompreis für den Antrieb eines BEV nur einen Bruchteil der

Benzinkosten für identische Verbrennungsmotoren, was auf eine verbesserte Energieeffizienz hindeutet.

Praktische Elektroautos kamen in den 1890er Jahren auf den Markt. Ein Elektroauto hielt den Geschwindigkeitsrekord für Autos bis etwa 1900. Im 20. Jahrhundert führten die hohen Kosten, die begrenzte Höchstgeschwindigkeit und die geringe Reichweite von batteriebetriebenen Elektroautos im Vergleich zu Fahrzeugen mit Verbrennungsmotor zu einem weltweiten Rückgang ihrer Nutzung als private Kraftfahrzeuge. Elektrofahrzeuge werden weiterhin für Lade- und Frachtausrüstung sowie für den öffentlichen Verkehr eingesetzt – insbesondere für Eisenbahnen.

Zu Beginn des 21. Jahrhunderts stieg das Interesse an Elektro- und Alternativkraftstofffahrzeugen bei privaten Kraftfahrzeugen aufgrund der wachsenden Besorgnis über die Probleme im Zusammenhang mit Fahrzeugen mit Kohlenwasserstoffantrieb, einschließlich der durch ihre Emissionen verursachten Umweltschäden; der Nachhaltigkeit der derzeitigen auf Kohlenwasserstoffen basierenden Transportinfrastruktur; und der Verbesserungen der Elektrofahrzeugtechnologie.

Seit 2010 wurden im September 2016 weltweit 1 Million vollelektrische Autos und Nutzfahrzeuge ausgeliefert,[1] Ende 2019 waren 4,8 Millionen Elektroautos im Einsatz[2] und die kumulierten Verkäufe von Plug-in-Elektroautos für leichte Nutzfahrzeuge erreichten Ende 2020 die Marke von 10 Millionen Einheiten.

Das weltweite Verhältnis zwischen den jährlichen Verkäufen von batteriebetriebenen Elektroautos und Plug-in-Hybriden stieg von 56:44 im Jahr 2012 auf 74:26 im Jahr 2019 und sank im Jahr 2020 auf 69:31.

Stand August 2020 ist das vollelektrische Tesla Model 3 mit rund 645.000 verkauften Exemplaren das weltweit meistverkaufte Plug-in-Elektroauto aller Zeiten.

In Laboren von Silicon Valley bis Boston suchen Forscher seit Jahren nach einer schwer fassbaren

Mischung aus Chemikalien, Metallen und Mineralien, die es Elektrofahrzeugen ermöglichen würde, schnell aufzuladen und große Entfernungen zwischen den Ladevorgängen zurückzulegen – und das alles für viel weniger Geld als aktuelle Batterien.

Einige dieser Wissenschaftler und die von ihnen gegründeten Unternehmen nähern sich nur einem wichtigen Wendepunkt. Es werden Produktionsanlagen für Batteriezellen der nächsten Generation gebaut, die es den Automobilherstellern ermöglichen, mit Feldtests der Technologien zu beginnen, um zu prüfen, ob sie sicher und zuverlässig sind.

Die meisten Fabriken sind klein und konzentrieren sich auf die Verfeinerung der Produktionsprozesse. Bevor Hochleistungsbatterien in Autos mit vernünftigen Einstiegspreisen angeboten werden, wird es mehrere Jahre dauern, bis diese Fahrzeuge in den Ausstellungsräumen stehen. Aber der Beginn der Fließbandproduktion bietet die verlockende Möglichkeit einer Revolution der Elektromobilität.

Elektrofahrzeuge könnten mit fossilbrennstoffbetriebenen Autos in puncto Komfort und Preis konkurrieren, wenn die Technologien in Massenproduktion hergestellt werden können. Die Zahl der schädlichen Emissionen durch den Autoverkehr könnte deutlich gesenkt werden. Wenn sie nicht bereits Milliardäre sind, könnten die Entwickler der Technologie leicht zu solchen werden.

Der Übergang von abgeschiedenen Laboren in die raue Realität der realen Welt ist ein Test für die Dutzenden von Start-up-Unternehmen, die an neuartigen Batterietypen und Batteriematerialien arbeiten.

Millionen von Batteriezellen müssen in einer Fabrik hergestellt werden, die weitaus komplexer ist als ein Reinraum, der nur für die Produktion von ein paar Hundert ausgelegt ist.

Laut Jagdeep Singh, Gründer und CEO von QuantumScape, einem Batteriehersteller in San Jose,

Kalifornien, dem Zentrum des Silicon Valley, „bedeutet die Tatsache, dass Sie ein Material haben, das die Berechtigung hat, zu funktionieren, nicht, dass Sie es auch zum Laufen bringen können." „Sie müssen ein Mittel finden, es fehlerfrei und mit einem ausreichend hohen Maß an Konsistenz herzustellen."

Die Gefahr wird durch die Tatsache erhöht, dass börsennotierte Batterieunternehmen aufgrund des Rückgangs der Technologieaktien Milliarden von Dollar an Wert verloren haben. Es wird für sie schwieriger sein, die erforderlichen Mittel zu beschaffen, um Industrieanlagen aufzubauen und ihre Mitarbeiter zu bezahlen. Da sie noch nicht mit dem Verkauf eines Produkts begonnen haben, erwirtschaften die meisten kaum oder gar keine Einnahmen.

Die Börse bewertete QuantumScape kurz nach dem Börsengang im Jahr 2020 mit 54 Milliarden Dollar. Sein jüngster Wert lag bei 4 Milliarden Dollar.

Das hat das Unternehmen jedoch nicht davon abgehalten, mit einer Anlage in San Jose weiterzumachen, die mit etwas Glück 2024 mit der Herstellung von Zellen für den Verkauf beginnen wird. Die Produktion der Anlage wird von den Autoherstellern verwendet, um die Widerstandsfähigkeit der Batterien gegenüber holprigen Straßen, Kälteeinbrüchen, Hitzewellen und Autowaschanlagen zu bewerten.

Die Autohersteller werden auch wissen wollen, ob die Batterien kostengünstig hergestellt werden können, ob sie Unfälle überstehen, ohne Feuer zu fangen, und ob sie mehrmals aufgeladen werden können, ohne ihre Speicherkapazität zu verlieren.

Nicht alle neuen Technologien werden garantiert die Erwartungen ihrer Entwickler erfüllen. Laut David Deak, einem ehemaligen Tesla-Manager und aktuellen Experten für Batteriematerialien, können schnellere Ladezeiten und eine größere Reichweite auf Kosten der Batterielebensdauer gehen. Die meisten dieser neuartigen Materialideen, so Deak, „bieten großartige

Leistungsdaten, erfordern aber Abstriche bei etwas anderem."

Dennoch zeigt QuantumScape, unterstützt von Volkswagen, Bill Gates und einem Who-is-Who der Silicon-Valley-Giganten, wie viel Vertrauen und Geld in Organisationen investiert wurde, die behaupten, all diese Anforderungen erfüllen zu können.

Herr Singh, der zuvor eine Firma zur Herstellung von Telekommunikationsausrüstung gegründet hatte, gründete QuantumScape 2010, nachdem er einen Roadster gekauft hatte, Teslas erstes Serienauto. Trotz der berüchtigten Unzuverlässigkeit des Roadsters war Herr Singh davon überzeugt, dass Elektroautos die Zukunft waren.

„Es reichte aus, um einen Blick auf das zu gewähren, was sein könnte", bemerkte er. Die Antwort, so verstand er, war eine Batterie, die mehr Energie speichern kann, und „der einzige Weg, dies zu erreichen, ist die Suche nach einer neuen Chemikalie, einem chemischen Durchbruch."

Herr Singh schloss sich mit Fritz Prinz, einem Professor an der Stanford University, und Tim Holme, einem Forscher in Stanford, zusammen. John Doerr, bekannt als einer der ersten Investoren von Google und Amazon, stellte Startkapital zur Verfügung. J.B. Straubel, Mitbegründer von Tesla, war ein weiterer früher Geldgeber und Mitglied des Vorstands von QuantumScape.

Nach jahrelanger Forschung hat QuantumScape eine keramische Substanz hergestellt – deren genaue Zusammensetzung geheim ist – die die positiven und negativen Enden der Batterien trennt, sodass Ionen hin und her fließen können und Kurzschlüsse vermieden werden. Die Technik macht es möglich, den flüssigen Elektrolyten, der Energie zwischen den positiven und negativen Polen einer Batterie transportiert, durch eine feste Substanz zu ersetzen, wodurch mehr Energie pro Pfund gespeichert werden kann.

„Wir haben ungefähr die ersten fünf Jahre damit verbracht, nach einem Material zu suchen, das funktionieren könnte", sagte Herr Singh. „Und als wir glaubten, eines gefunden zu haben, haben wir noch etwa fünf weitere Jahre damit verbracht, herauszufinden, wie wir es auf die richtige Weise herstellen könnten."

Obwohl es sich offiziell um eine „Vorpilot"-Produktionslinie handelt, ist die QuantumScape-Anlage in San Jose fast so groß wie vier Fußballfelder. Vor kurzem warteten Reihen leerer Kabinen mit schwarzen Drehstühlen auf neues Personal, während die Ausrüstung auf Kisten stand und darauf wartete, installiert zu werden.

In Laboren im Silicon Valley und im Ausland verfolgen Dutzende, wenn nicht Hunderte anderer Unternehmer ein ähnliches technisches Ziel und nutzen dabei die Kombination aus Risikokapital und akademischer Forschung, die die Entstehung der Halbleiter- und Softwarebranche vorangetrieben hat.

KAPITEL 2: Wie werden EV-Batterien hergestellt?

Batterien sind unsichtbar, aber dennoch eine der größten und wichtigsten Komponenten jedes Elektroautos.

In diesem Beitrag werden wir uns ansehen, woraus Batterien für Elektrofahrzeuge (EV) bestehen, wie sie ihre Energie speichern und wie sich die Technologie und das Eigentumsmodell für Batterien ändern könnten. Wenn Sie Ihr Elektrofahrzeug genau kennen, können Sie das Beste daraus machen. Lesen Sie also weiter, um unseren vollständigen Leitfaden zu erhalten.

Woraus bestehen EV-Batterien?

Die meisten Elektrofahrzeuge verwenden Lithium-Ionen-Batterien, vergleichbar mit denen in Konsumgütern wie Laptops und Smartphones. Genau wie ein Telefon wird eine Elektrofahrzeugbatterie mit Energie aufgeladen, die dann zur Stromversorgung verwendet wird, in diesem Fall zum Betrieb des Autos.

Während die Batterien der meisten elektronischen Geräte eine festgelegte Lebensdauer haben, bevor sie leer sind, haben EV-Batterien eine „Reichweite" – d. h. eine Entfernung, die das Fahrzeug zurücklegen kann, bevor die Batterien leer sind. Danach müssen sie wieder aufgeladen werden.

Batterien für Elektrofahrzeuge sind keine einzelnen Einheiten, sondern bestehen aus Hunderten von Zellen. In der Regel bedeutet eine größere Anzahl von Zellen oft eine Batterie mit größerer Kapazität und damit eine größere Reichweite, die das Auto fahren kann.

Hybridautos verwenden häufig Nickel-Metallhydrid-Batterien anstelle von Lithium-Ionen-Batterien. Ihre lange Lebensdauer, Sicherheit und Widerstandsfähigkeit gegen Missbrauch machen sie ideal für Hersteller von Hybridfahrzeugen. Sie

sind teuer und können bei hohen Temperaturen Wärme verlieren oder sich entladen.

Im Gegensatz dazu hat die Lithium-Ionen-Batterietechnologie eine hohe Energiedichte und eignet sich für kurze Ladezyklen – perfekt für ein Elektroauto. Außerdem bleibt diese Energiedichte über Hunderte solcher Ladezyklen erhalten.

Wie werden EV-Batterien hergestellt?

EV-Batterien werden aus einer Mischung von Rohkomponenten hergestellt. „Unedle" Metalle wie Aluminium, Kupfer und Eisen sind wichtige Bestandteile, aber die teuersten Materialien sind „Edelmetalle" wie Kobalt, Nickel und Mangan sowie Elemente wie Graphit und Lithium.

Diese Materialien müssen auf komplizierte und teure Weise aus der Erde gewonnen oder abgebaut werden, was ein Grund dafür ist, dass Elektrofahrzeuge in der Anschaffung teurer sind als Autos mit

Verbrennungsmotor. Die teuerste Komponente eines EV ist seine Batterie.

Die Gewinnung dieser Elemente wird von manchen als umstritten angesehen. Viele dieser Metalle kommen ausschließlich in bestimmten Teilen der Welt vor, beispielsweise in China und Südamerika. Ihr Abbau kann zu Problemen mit der internationalen Politik und der Dominanz der Lieferkette sowie zu humanitären Erwägungen führen. Beim Abbau von Lithium wird außerdem viel Wasser benötigt, was möglicherweise Komplikationen für die Landwirtschaft mit sich bringt.

Leider treten weltweit ähnliche ethische Probleme bei der Herstellung von Kraftstoff und Diesel auf. Die Rohölförderung in Osteuropa kann beispielsweise auch anfällig für politische, finanzielle und ökologische Konflikte sein, und die häufigen Schwankungen der Benzinpreise könnten dies widerspiegeln.

In Bezug auf die lokalen Emissionen werden Elektroautos im Allgemeinen als wesentlich umweltfreundlicher angesehen, insbesondere wenn sie aus erneuerbaren Energiequellen aufgeladen werden.

Eine Umfrage der EEA ergab, dass ein typisches Elektrofahrzeug in Europa weniger Treibhausgasemissionen und Luftschadstoffe erzeugt als ein Benzin- oder Dieselfahrzeug. Bei der Herstellung von Elektroautos sind die Emissionen normalerweise höher, werden jedoch häufig durch geringere Emissionen während des gesamten Nutzungszyklus ausgeglichen.

Volkswagen ist ein Automobilunternehmen, das eine nachhaltige Batterieherstellung unter Verwendung erneuerbarer Energiequellen entwickelt. Dies wird sich weiter verbreiten, da immer mehr Unternehmen Geld und Aufmerksamkeit in umweltfreundliche Herstellungsverfahren investieren.

Auch wenn der zum Laden eines Elektrofahrzeugs verwendete Strom teilweise durch die Verbrennung fossiler Brennstoffe erzeugt wurde, sind diese Kraftwerke aufgrund ihres größeren Volumens und

Gewichts weitaus effizienter als die Verbrennungsmotoren von Benzin- und Dieselfahrzeugen, die sowohl durch Größe als auch Gewicht eingeschränkt sind.

Sind Batterien für Elektrofahrzeuge besser für die Umwelt?

Wie werden Elektrofahrzeuge unsere Straßen verändern und die Umwelt beeinflussen?

Der Weg zur Elektromobilität – in Grafiken und Statistiken

Wie zuverlässig sind Batterien für Elektrofahrzeuge?

Elektroautos (und Hybridautos) haben sich als die zuverlässigsten Fahrzeuge auf der Straße erwiesen. Dies wird durch umfassende Garantien für Batterien für Elektrofahrzeuge untermauert, die oft die gesamte Herstellergarantie für das Fahrzeug übersteigen (acht Jahre oder 100.000 Meilen sind normal).

Genau wie Lithium-Ionen-Batterien in Unterhaltungselektronik verschlechtern sich Batterien für Elektrofahrzeuge mit der Zeit und bei wiederholten Ladezyklen, obwohl der Leistungsabfall deutlich weniger stark ist als bei vielen kleineren elektronischen Geräten wie Smartphones. Das liegt daran, dass die Anzahl der Ladezyklen bei diesen Geräten wesentlich höher ist als bei einem Elektrofahrzeug. Dies ist ein viel wichtigerer Faktor für die Abnutzung der Batterie als das Alter.

Was Sie tun können, um die Batterie Ihres Elektrofahrzeugs zu schonen.

Halten Sie den Ladestand zwischen 20 und 80 Prozent, damit Ihre Batterie länger hält, und verwenden Sie nicht ständig Gleichstrom-Schnellladegeräte, da dies die Batterielebensdauer beeinträchtigen könnte. Weitere Empfehlungen finden Sie in unserem Leitfaden zur Lebensdauer von EV-Batterien.

Wie wirkt sich die Batterie auf die Reichweite und Leistung von EVs aus?

Anstatt in der Anzahl der PS wird die Leistungsabgabe eines EVs vorzugsweise in kW (Kilowatt) gemessen. Die Energiespeicherkapazität der Batterie wird in kWh (Kilowattstunden) gemessen – ähnlich der Anzahl der Liter, die der Benzintank eines herkömmlichen Autos fasst.

EV-Batterien sind teuer, daher ist es häufig das teuerste Fahrzeug, das die maximale Leistung und die größte Reichweite bietet. Die Batterien mit der geringsten Kapazität befinden sich in der Regel in den kleinsten Autos und umgekehrt.

Da die EV-Batterietechnologie immer weiter fortschreitet und besser wird, steigen die Reichweiten. Mercedes-Benz hat mit seinem Konzeptfahrzeug VISION EQXX gerade die 1.000-km-Grenze überschritten.

Es ist erwähnenswert, dass größere Batterien nicht immer zu längeren Ladezeiten führen. Teurere Elektrofahrzeuge verfügen in der Regel über Schnellladefunktionen, die eine Batterie mit höherer Kapazität problemlos kompensieren.

Batterien von Elektrofahrzeugen sind relativ schwer, was sich auf das Fahrverhalten eines Autos auswirken kann. Um dies abzumildern, werden sie jedoch normalerweise unter dem Boden des Autos untergebracht, wodurch ein niedrigerer Schwerpunkt für ein besseres Fahrverhalten entsteht. Dies hat noch einen weiteren Vorteil. Das „Skateboard"-Chassis – so genannt, weil das Chassis von oben betrachtet einem Skateboard mit der Batterie in der Mitte und den Rädern an jedem Ende ähnelt – schafft mehr Innenraum.

KAPITEL 3; Arten von Elektrofahrzeugbatterien und ihre Funktionsweise.

Da der Markt für Elektrofahrzeuge wächst und Kunden mehr Auswahlmöglichkeiten in Bezug auf Hersteller und Modelle haben, ist es wichtig, die verschiedenen Batterietypen und ihre Inhaltsstoffe zu verstehen.

Laut dem US-Energieministerium gibt es vier grundlegende Arten von Energiespeichern, die in Elektrofahrzeugen verwendet werden:

Lithium-Ionen-Batterien: Diese werden in Geräten wie Smartphones und Laptops verwendet. Sie werden im Elektrofahrzeugsektor häufig aufgrund ihrer hohen Effizienz, starken Leistung bei hohen Temperaturen, minimalen Selbstentladung (ein chemischer Prozess, der zu Ladungsverlust führt) und der Tatsache gewählt, dass die meisten ihrer Komponenten recycelt werden können.

Nickel-Metallhydrid-Batterien: Sie sind in vielen Hybriden auf dem Markt zu finden, in den meisten

Plug-in-Elektrofahrzeugen wurden sie jedoch durch Lithium-Ionen-Batterien ersetzt. Die Hauptprobleme bei Nickel-Metallhydrid-Batterien sind ihre hohen Kosten, übermäßige Selbstentladung und begrenzte Leistung bei höheren Temperaturen. Sie gelten jedoch im Allgemeinen als sicherer als Lithium-Ionen-Batterien, da sie keine flüssigen Elektrolyte enthalten, die bei Unfällen auslaufen könnten.

Blei-Säure-Batterien: Sie sind die billigste und älteste Batterieart. Beim Laden und Betrieb werden häufig Wasserstoff, Sauerstoff und Schwefel freigesetzt. Sie wurden in den 1970er Jahren zum Antrieb früherer Versionen von Elektrofahrzeugen verwendet.

Ultrakondensatoren: Sie sind nützlich, um zusätzliche Energie für Beschleunigung und Bergauffahren bereitzustellen, und können als zusätzlicher Energiespeicher in Elektrofahrzeugen eingesetzt werden, da sie Energie schnell speichern und freigeben können – und gleichzeitig die Primärbatterien vor Überhitzung schützen.

In den letzten Jahren wurde alternativen Batterietypen viel Aufmerksamkeit gewidmet. So entschied sich Tesla im vergangenen Jahr für die Lithium-Eisenphosphat-Batterie (LFP) als Option für Autos mit Standardreichweite.

„Aus chemischer Sicht und aus Sicht der Lebensdauer können sie vier- bis fünfmal länger halten als eine Lithium-Ionen-Batterie, und sie gelten auch als sicherer", sagte Josipa Petrunic, Präsidentin und CEO des Canadian Urban Transit Research and Innovation Consortium.

Tesla-Forscher haben auch mit der Dalhousie University in Halifax zusammengearbeitet, um eine nickelbasierte Batterie zu bauen, die robuster als eine LFP-Batterie ist und unter optimalen Bedingungen 100 Jahre oder länger halten könnte.

Die Lebensdauer einer EV-Batterie.

Dies hängt davon ab, welche Batterien verwendet werden und wie Sie sie pflegen. Basierend auf der bestehenden EV-Industrie sollten Akkupacks eine achtjährige Garantie haben. Steve LeVine, Herausgeber von Electric, einem Newsletter, der sich auf Elektroautos und Lithium-Ionen-Batterien spezialisiert, glaubt jedoch, dass sie erheblich länger halten.

Wenn ein EV-Akkupack auf etwa 75 Prozent seiner ursprünglichen Kapazität absinkt, gilt es als am Ende seiner Lebensdauer angelangt.

„Autohersteller rechnen damit, dass die Batterie nachlässt und bereits am ersten Tag zu versagen beginnt. Aber sie wollen, dass die Kunden nach etwa fünf bis sieben Jahren noch 75 bis 80 Prozent dieser Kapazität haben", fügte Petrunic hinzu.

KAPITEL 4; Die Zukunft der EV-Batterie und ihre weltweiten Auswirkungen.

Jeder Batteriehersteller ist bestrebt, die Energiedichte (die in seinen Batterien gespeicherte Strommenge) zu erhöhen. Bis zu einer bedeutenden Innovation wird jedoch die große Mehrheit der EVs, die in den nächsten fünf Jahren – und möglicherweise sogar bis 2030 – auf den Markt kommen, von Varianten der beiden derzeit auf dem Markt erhältlichen Arten von Lithium-Ionen-Zellen angetrieben.

Die Kathode oder positive Elektrode der ersten Art besteht aus Kobalt, Nickel, Mangan und Aluminium. Um die Menge des teuren, begehrten Kobalts zu reduzieren und gleichzeitig die Energiedichte und Leistungsabgabe weiter zu erhöhen, werden unterschiedliche Verhältnisse der einzelnen Elemente verwendet. So verwenden die neuen Ultium NMCA-Zellen von GM 70 % weniger Kobalt und erhöhen gleichzeitig die Menge an Nickel und Aluminium.

Lithium-Eisenphosphat-Kathoden (LiFP) werden in den 2020er Jahren der zweite Zelltyp für Elektrofahrzeuge (EVs) sein. LiFP-Zellen sind billiger, enthalten reichlich Mineralien und fangen in rauen Umgebungen weniger leicht Feuer, was sie seit langem zu einem Favoriten chinesischer Batteriehersteller macht. Dank der Fortschritte bei ihrer Energiedichte in den letzten zehn Jahren sind sie jetzt für den Einsatz in den billigsten und leistungsärmsten Elektrofahrzeugen geeignet. Tesla verwendet sie in den Einstiegsmodellen Model 3 und es ist wichtig zu beachten, dass Teslas, die mit LiFP-Zellen ausgestattet sind, immer zu 100 % aufgeladen werden, was darauf hindeutet, dass Tesla mehr Vertrauen in die Lebensdauer und Haltbarkeit der Zellen hat, sodass sie bis zum vollständigen Aufladen durchhalten.

Anoden oder negative Elektroden hingegen sind Gegenstand intensiver Forschung. Ziel ist es, die Energiedichte auf das Zehnfache der von heutige Graphitanoden durch den Wechsel zu Kohlenstoffverbundstoffen oder möglicherweise Silizium ersetzen.

Die Festkörperzelle, die nach ihrem festen Elektrolyten oder der leitenden Substanz zwischen Kathode und Anode benannt ist, die in heutigen Zellen normalerweise flüssig oder polymer ist, ist die Innovation, nach der sich die meisten Hersteller von Elektrofahrzeugen sehnen. Es wird erwartet, dass Festkörperzellen sicherer und energiedichter sind und letztlich die bevorzugte Option darstellen. Wir werden sie jedoch erst ab 2025 in Massenautos sehen, und selbst dann hauptsächlich in teuren, in kleinen Stückzahlen gefertigten Versionen.

Toyota arbeitet hart daran, Festkörperzellen für die Massenproduktion nutzbar zu machen. Bis Mitte des Jahrzehnts rechnet der Hersteller damit, sein erstes Fahrzeug mit Festkörperzellen auf den Markt zu bringen. Kleinere Batterien, die in größeren Mengen für Hybridfahrzeuge produziert werden, werden sie wahrscheinlich zunächst erhalten.

Festkörperzellen müssen erhebliche Hindernisse überwinden, um die Materialkosten zu senken,

Produktionslinien aufzubauen und ihre Wettbewerbsvorteile zu steigern, damit sie preislich mit etablierteren, bekannteren Zellen konkurrieren können, die von jahrelanger Entwicklung und Skaleneffekten profitiert haben. Die Lebensdauer von Festkörperzellen auf mehrere tausend vollständige Entladezyklen zu verlängern, was für Elektrofahrzeuge eine klare Voraussetzung ist, ist schwierig.

Jeder Hersteller hat inzwischen Milliarden von Dollar investiert, um spezialisierte Zellfertigungsanlagen zu bauen, häufig in der Nähe von Montagewerken für die Fahrzeuge, die sie antreiben werden. Das dritte Joint-Venture-Werk zwischen GM und seinem langjährigen Zellpartner LG wird seit Januar in Lansing, Michigan, errichtet, nach Lordstown, Ohio, und Spring Hill, Tennessee.

Zukünftige Batterien für Elektroautos könnten in verschiedenen Formen erhältlich sein. Im Wettbewerb um die kostengünstigsten, leichtesten, energiedichtesten und langlebigsten Batteriepacks experimentieren

Forschungs- und Entwicklungsabteilungen auf der ganzen Welt mit mehreren verschiedenen Technologien.

So könnten die EV-Batterien der Zukunft aussehen:

Batteriechemie

In Zukunft wird sich die chemische Zusammensetzung von Elektrofahrzeugbatterien zweifellos ändern.

Die meisten Elektrofahrzeugbatterien bestehen aus einer Metallmischung, darunter Lithium, Kobalt und Nickel. Die 1991 eingeführte Lithium-Ionen-Batterie ist der am weitesten verbreitete Batterietyp für Elektrofahrzeuge, nachdem sie in einer Reihe von Unterhaltungselektronikgeräten wie Smartphones und Laptops erfolgreich eingesetzt wurde.

Im Vergleich zur 12-V-Blei-Säure-Batterie, die in allen herkömmlichen Autos vorhanden ist, sind Lithium-Ionen-Batterien effizienter und halten dreimal länger.

Aber sie sind nicht ohne Mängel. Die am weitesten verbreitete Lithium-Ionen-Batteriechemie ist Lithium-Nickel-Mangan-Kobaltoxid (NMC). Forscher haben jedoch gezeigt, dass Lithium-Eisenphosphat-Batterien (LFP) möglicherweise sowohl billiger als auch sicherer sind und eine höhere thermische und chemische Stabilität aufweisen.

Forscher untersuchen auch Lithium-Schwefel-Batterien als Methode, um teure Metalle wie Kobalt und Nickel aus der Mischung auszuschließen.

Sobald die Produktion hochgefahren ist, könnten sie Elektrofahrzeuge billiger machen als Benzin-/Dieselfahrzeuge und mehrere zusätzliche Vorteile bieten, darunter eine bessere Energiedichte und eine robuste Leistung bei Temperaturen von -30 Grad bis 60 Grad.

Lithium ist nach wie vor relativ selten, was Geologen dazu veranlasst hat, nach neuen Quellen zu suchen und diese zu finden. Es gibt jedoch andere praktikable Alternativen zu Lithium. Beispielsweise erfreuen sich Natrium-Ionen-Batterien aufgrund ihrer geringeren Kosten schnell zunehmender Beliebtheit. Ein großer Nachteil ist jedoch, dass Natrium schwerer und weniger gut zur Energiespeicherung geeignet ist als Lithium.

Festkörperbatterien stellen eine der potenziellsten zukünftigen Alternativen zur bestehenden Batterietechnologie für Elektrofahrzeuge dar. Batteriezellen würden einen keramischen Elektrolyten anstelle der organischen Flüssigkeiten verwenden, die in heutigen Lithium-Ionen-Batterien verwendet werden. Dies hat enorme Auswirkungen auf die Funktionsweise einer Elektrofahrzeugbatterie. Es wird erheblich verringert die Brandgefahr und ermöglicht energiedichtere Akkupacks mit längerer Lebensdauer und sogar schnellerem Laden.

Laut Toyota können wir davon ausgehen, dass Festkörperbatterien bereits 2025 in Produktion gehen werden.

Batteriereichweite

Wenn Sie schon einmal ein Elektrofahrzeug hatten oder jemanden kennen, der eines hatte, haben Sie wahrscheinlich schon einmal von „Reichweitenangst" gehört. Das ist das Gefühl, das ein Elektrofahrzeugbesitzer hat, wenn er nicht weiß, ob er es bis zur nächsten Ladestation schafft.

Als die ersten Elektrofahrzeuge für den Massenmarkt vor über einem Jahrzehnt auf den Markt kamen, betrug die durchschnittliche elektrische Reichweite kaum 68 Meilen. Diese Statistik war (natürlich) nur auf dem Papier, unter den richtigen Fahrbedingungen und (möglicherweise) bei ausgeschalteter Heizung möglich.

Um das ins rechte Licht zu rücken: An einem kalten Wintertag könnte ein normaler schottischer Pendler mit einem „durchschnittlichen" Elektrofahrzeug gerade so von Glasgow nach Edinburgh und zurück fahren, vorausgesetzt, er schließt es während der Arbeit an und zieht sich für die Fahrt an.

Im Jahr 2020 betrug die durchschnittliche Reichweite von Elektrofahrzeugen 259 Meilen – fast 3,8-mal so viel!

Wie weit werden die Elektrofahrzeuge der Zukunft also fahren? Premium-Elektrofahrzeuge wie das Tesla Model S Plaid nähern sich bereits der 400-Meilen-Grenze.

Während Unternehmen wie Tesla LFP-Batterien als günstigere Option in Betracht ziehen, haben sie eine geringere Energiedichte. Dasselbe gilt für Natrium-Ionen-Batterien, die voraussichtlich bis zu 20 % günstiger als LFP sind und bei niedrigeren Temperaturen eine bessere Leistung aufweisen. Aus diesem Grund ist es nicht unrealistisch, in Zukunft eine zunehmende Diskrepanz zwischen der elektrischen Reichweite von billigen und Premium-Elektrofahrzeugen vorherzusagen.

Mehrere Unternehmen setzen auf Festkörperbatterien, um die Reichweite zu erhöhen. Diese Batterien verwenden feste Elektrolyte (normalerweise Natrium) anstelle der flüssigen Elektrolyte, die in modernen Elektrofahrzeugbatterien vorhanden sind. Es kann noch viele Jahre dauern, bis diese Technologie auf den Markt kommt, aber wenn es soweit ist, sagen Experten, dass sie die Reichweite bestehender Elektrofahrzeuge vervierfachen könnte.

Strukturbatterien

Es wird viel über die Energiedichte diskutiert, aber Strukturbatterien könnten eine weitere Methode sein, um erfolgreich Gewicht zu sparen und gleichzeitig die Reichweite eines Elektroautos zu erhöhen.

Die grundlegende Prämisse ist, dass Batterien nicht nur zur Stromerzeugung effektiv sind, sondern auch als Strukturkomponente. Dies könnte den Bedarf an zusätzlichen Strukturkomponenten verringern, je nach Stärke der Batterie.

Derzeit stellt Tesla Batteriepacks her, indem es eine Reihe von Zellen zu Modulen zusammensetzt, die zusammen ein Batteriepack bilden, das dann in das Fahrzeugchassis integriert wird.

Beim „Battery Day" im letzten Jahr erklärte Tesla jedoch, dass das Batteriepack für das neue Model Y und Model S Plaid Teil des Strukturrahmens des Autos sein wird und ein revolutionäres Wabendesign für mehr Robustheit verwendet. Dies würde zu 370 weniger Komponenten, einer Gewichtsreduzierung von 10 % und der Aussicht auf eine bis zu 14 % höhere Reichweite führen.

Dies ist ein mutiger Ansatz in einer Branche, die eher dazu neigt, sich mit Batteriepacks für Elektrofahrzeuge zu befassen, aber es könnte den nächsten großen Sprung in der Reichweite von Elektrofahrzeugen ermöglichen.

Lebensdauer

Alle EV-Batterien sind für mehrere „Zyklen" ausgelegt. Ein Batteriezyklus ist die Zeit, die eine Batterie benötigt, um vollständig geladen und entladen zu werden.

Mit der Zeit verschleißen häufige Lade- und Entladezyklen die Batterie. Dies verringert die maximale Reichweite des Autos und die Zeit zwischen den Ladevorgängen. Die meisten Hersteller geben eine Garantie von fünf bis acht Jahren auf ihre Batterie, doch es wird erwartet, dass die typische Batterie eines Elektrofahrzeugs hält 10 bis 20 Jahre, bevor sie ersetzt werden muss.

Wie lange eine Elektrofahrzeugbatterie hält, kann von mehreren Faktoren abhängen, von der Art der Umgebung, in der das Auto betrieben wird, über die Häufigkeit des Schnellladens bis hin zur Häufigkeit einer „Tiefenentladung".

In jedem Fall könnte sich die durchschnittliche Lebensdauer einer EV-Batterie mit der Entwicklung von Festkörperbatterien verdreifachen.

Toyota beabsichtigt, nach 30 Jahren Nutzung mehr als 90 % des Gesundheitszustands (SOH) seiner Festkörperbatterien zu erhalten. Im Wesentlichen würde dies bedeuten, dass eine EV-Batterie über drei Jahrzehnte hinweg nur 10 % ihrer maximalen Reichweite verlieren würde, was weit über die „Millionen-Meilen"-Batterie hinausgeht, die Tesla letztes Jahr vorgestellt hat.

Kabelloses Laden

Kabelloses Laden mag bei Smartphones wie eine Spielerei erscheinen, könnte aber das Laden von EVs verändern.

In Großbritannien testet der EV-Ladeexperte Charge bereits die Ladepad-Technologie in der Erwartung, dass sie Personen ohne Zugang zu einer Ladestation den Zugang zu Ladegeräten erleichtern würde.

Kabelloses Laden könnte den Diebstahl von Ladekabeln für Elektrofahrzeuge verhindern, mögliche Stolper- oder

Unfallgefahren für andere Straßen- oder Gehwegbenutzer verringern und unerwünschte Unordnung am Straßenrand reduzieren.

Die Forschung umfasst Renault Zoes, die mit nachträglich eingebauten Induktionskits modifiziert wurden. Es ist jedoch möglich, dass, wenn sich der Test als erfolgreich erweist, weitere EV-Hersteller die Integration der kabellosen Ladetechnologie in neue EVs in Erwägung ziehen.

Natürlich ist kabelloses Laden im Stand wunderbar, aber wie sieht es während der Fahrt aus?

Das Smart Road Gotland-Projekt ist eine 1,6 km lange „elektrische Straße", die den Flughafen und die Stadt Visby auf der malerischen Insel Gotland verbindet. Es wurde gemeinsam mit dem israelischen Unternehmen Electron entwickelt und könnte eine intelligente Lösung für Langstrecken-Lkw-Flotten bieten, da es die Notwendigkeit massiver, teurer Batterien und zeitaufwändiger Ladepausen überflüssig macht.

Soll ich jetzt ein Elektrofahrzeug kaufen oder auf stärkere Batterien warten?

Es ist die Frage, die sich jeder stellt: Soll ich jetzt ein Elektrofahrzeug kaufen oder noch warten? Wenn so viele fantastische Durchbrüche in Sicht sind, ist es vielleicht besser, einfach abzuwarten und auf den nächsten Durchbruch in der Batterietechnologie zu warten.

Was die Kosten angeht, können wir verstehen, warum Sie geneigt sind, zu warten. Aber obwohl Elektrofahrzeuge jetzt einen höheren UVP als Benzin- oder Dieselfahrzeuge haben, kommen viele immer noch für eine Reihe von Förderprogrammen der britischen Regierung für Elektroautos in Frage, darunter den Plug-in Car Grant (PiCG) (PCG).

Sicherlich werden zukünftige Elektroautos auch besser für die Umwelt sein, sagen Sie? Daran haben wir keinen Zweifel. Aber nur weil die aktuellen EV-Batterien voraussichtlich eine deutlich kürzere Lebensdauer haben werden als die EV-Batterien der Zukunft, bedeutet das nicht, dass sie nicht recycelt oder wiederverwendet werden können.

Während die erste Generation von EV-Batterien in Rente geht, finden viele ein neues Leben als Batterien für elektrische Gabelstapler, Notstromversorgungen und Speicher für Solarstromanlagen. Unterdessen können Hersteller durch das Recycling von Autobatterien wertvolle Metalle wie Kobalt aus Batterien zurückgewinnen, die nicht mehr für andere Zwecke verwendet werden können.

Auch wenn Sie mit zukünftigen Elektrofahrzeugen möglicherweise von vornherein eine größere Reichweite erzielen können, bedeutet das schnell wachsende Ladenetz in Großbritannien, dass Sie nie weit von einer Ladestation für Elektrofahrzeuge entfernt sein werden. Sie können sich selbst davon überzeugen, indem Sie unsere Karte mit Ladestationen für Elektrofahrzeuge verwenden!

Und obwohl zukünftige Batterien für Elektrofahrzeuge möglicherweise über integrierte kabellose Ladefunktionen verfügen, gibt es keinen Grund, warum induktive Ladepads bei Bedarf nicht nachgerüstet werden können, wie wir bei Char.guys kabellosem Ladeexperiment gesehen haben.

Also los ... worauf warten Sie noch?

Der Weg ins Jahr 2030: Batteriefabriken, Zubehör

Große Autohersteller wollen, dass bis 2030 die Hälfte ihrer Fahrzeugverkäufe Elektrofahrzeuge sind. Da die Energiewende schneller voranschreitet, wird die weltweite Batterieversorgung bis zum Ende des Jahrzehnts nur 60 % der erwarteten Nachfrage decken, prognostiziert das in Oslo ansässige Unternehmen Rystad Energy.

Dies verleiht der Suche nach dem heiligen Gral – einer billigeren, einfacheren und besseren Batterie – noch Dringlichkeit.Batterietechnologieunternehmen, die sowohl inkrementelle als auch bahnbrechende Gewinne anstreben, haben eine schwere Aufgabe vor sich. Autohersteller investieren weiterhin in neue Batteriefabriken und technologische Fortschritte.

In der Zwischenzeit werden Elektroautos vorerst weiterhin mit Lithium-Ionen- oder LFP-Batteriezellen betrieben, wobei die Kosten wahrscheinlich zu Verschiebungen hin und her führen werden.

Einige bahnbrechende Batterietechnologien, Festkörperzellen, könnten noch ein Jahrzehnt oder länger auf sich warten lassen. Andere vielversprechende Technologien, wie Natrium-Ionen-Batterien, sind näher dran, haben aber Nachteile.

Festkörperbatterien könnten Lithium-Ionen-Batterien ersetzen

Neben Natrium-Ionen-Batterien könnte die Festkörperbatterietechnologie Lithium-Ionen-Zellen ersetzen. Startups, die Festkörperbatterien entwickeln, bezeichnen Lithium-Ionen als veraltete Technologie, die an die Grenzen der Fortschritte bei der Energiedichte stößt, da die Nachfrage nach höherer Leistung steigt.

Festkörperbatterien versprechen eine weitaus höhere Energiedichte und schnelleres Laden sowie ein geringeres Brandrisiko. Infolgedessen investierten mehrere Autogiganten in QuantumScape, SES und SolidEnergy.

Der große Unterschied bei einer Festkörperbatterie liegt im Elektrolyt. Während Lithium-Ionen-Batterien einen flüssigen Elektrolyten verwenden, verwenden ihre Festkörper-Cousins einen festen Elektrolyten.

Analysten sagen jedoch voraus, dass es noch lange dauern wird, bis die Festkörpertechnologie aus den Batterielaboren in die reale Welt gelangt. Bisher wurde sie durch Leitfähigkeits- und Instabilitätsprobleme behindert.

„QuantumScape muss noch beweisen, dass es seine Technologie skalieren und große technische Herausforderungen lösen kann", sagte Emmanuel Rosner, Analyst bei der Deutschen Bank, in einer Mitteilung vom 12. April.

„Selbst wenn alles nach Plan läuft, ist das Unternehmen noch mehrere Jahre von der Massenproduktion entfernt und noch weiter davon, sie zu monetarisieren", fügte er hinzu.

Die Herstellung von Festelektrolyten ist teuer.

KAPITEL 5; Fazit

Bei EV-Batterien gibt es viel Grund zur Freude. Neue Technologien könnten bedeuten, dass es bald möglich ist, mit nur einer einzigen Ladung zwischen den meisten Gebieten Großbritanniens zu reisen, und dass unsere EV-Batterien bald in wenigen Minuten aufgeladen werden könnten.

Aber das bedeutet nicht, dass Sie auf die nächste große Idee warten sollten. Die Investition in ein Elektrofahrzeug ist heute eine wunderbare Strategie, um Kosten zu sparen – und Ihren CO_2-Fußabdruck zu verringern.

Wenn Sie Ihr nächstes Fahrzeug kaufen, warum werfen Sie nicht einen Blick auf unsere Listen der günstigsten Elektroautos und der besten kleinen Elektroautos, um sich inspirieren zu lassen?

Und wenn Sie bereit sind, den Schritt zu wagen, vergleichen Sie die Leasingoptionen für

Elektrofahrzeuge mit Lease Fetcher, um sich den niedrigsten verfügbaren Preis zu sichern.